Catalina Iordan
Daniel Georgel Preda

Teoria Unificada

Catalina Iordan
Daniel Georgel Preda

Teoria Unificada

ScienciaScripts

Imprint

Any brand names and product names mentioned in this book are subject to trademark, brand or patent protection and are trademarks or registered trademarks of their respective holders. The use of brand names, product names, common names, trade names, product descriptions etc. even without a particular marking in this work is in no way to be construed to mean that such names may be regarded as unrestricted in respect of trademark and brand protection legislation and could thus be used by anyone.

Cover image: www.ingimage.com

This book is a translation from the original published under ISBN 978-620-2-02390-0.

Publisher:
Sciencia Scripts
is a trademark of
Dodo Books Indian Ocean Ltd. and OmniScriptum S.R.L publishing group

120 High Road, East Finchley, London, N2 9ED, United Kingdom
Str. Armeneasca 28/1, office 1, Chisinau MD-2012, Republic of Moldova, Europe
Printed at: see last page
ISBN: 978-620-7-74666-8

Prefácio

Este livro destina-se principalmente àqueles que estão a investigar novas leis do universo, em parte ou no seu todo.
Os profissionais ou amadores com a mesma abertura de espírito têm agora uma nova perspetiva. Trata-se de uma visão nova, extremamente simples e totalmente verificável pela experiência.
A procura de uma teoria única que explique os mecanismos naturais de construção do universo começa com a Teoria Construtiva. A Lei da Construção foi anunciada por Adrian Bejan em 1996 e lançou as bases para uma série de conferências internacionais sobre a teoria da construção.
As conferências exploram o poder unificador da lei do design e as suas aplicações em todos os domínios da geração e evolução do design, desde a biologia e a geofísica à organização social, à sustentabilidade energética e à segurança.
Este artigo foi apresentado na 10.ª Conferência sobre Direito Construtal e Segundo Direito (CLC2017), organizada pela Academia Romena em 15-16 de maio de 2017. Foi uma oportunidade para mostrar e explicar a nossa teoria.
Aqui, sob os auspícios da Academia Romena, foram apresentadas pela primeira vez as bases de uma teoria normalizada derivada da teoria da construção.
Apenas o núcleo, a parte central da Teoria Unificada foi apresentada nesta conferência internacional.
Este livro contém os pontos de vista dos autores sobre a geometria do fluxo do universo, tal como apresentados nesta conferência.

Resumo

Nos nossos sistemas de transporte, podemos observar que o princípio do volume mínimo para a mesma massa é uma condição fundamental. Pode ser um carro ou um navio mercante, o tamanho não importa, o princípio geométrico é o mesmo para esta regra de transporte.
A conjetura de Kepler optimiza a disposição das esferas num volume mínimo, o tetraedro. Numa geometria dinâmica, podemos observar vários fluxos de tetraedros. Mais ainda, temos 2 quiralidades helicoidais diferentes desta cadeia de tetraedros a fluir. Partindo da observação da natureza, alargada a todo o mundo observável e para além dos domínios intuitivos, a geometria comum de transporte mais observável é a forma helicoidal. A geometria é, de facto, a informação, e temos de a observar, e agora podemos lê-la. A nossa mente racional ou intuitiva mostra-nos que o transporte mais eficiente na natureza deve ser uma geometria helicoidal. Assim, da zona científica para a zona intuitiva, encontrámos a geometria mais comum, a espiral. Parece que tudo tende a formar muitos buracos de minhoca, fluxos em espiral. Para distâncias curtas, um transporte local, têm um comportamento de onda em espiral. Para longas distâncias, há transporte de massa em geometria espiral, e encontrámos 4 regras básicas para as interacções em espiral, a que chamamos o "código fundamental". Estas regras tornaram-se as primeiras regras básicas para a conceção da natureza, desde os aglomerados subatómicos até aos aglomerados galácticos.
Todas as teorias do mundo natural, novas ou antigas, devem conter esta "chave espiral". Por esta razão, a Teoria dos Campos Unificados - Geometrodinâmica Helicoidal, foi lançada num novo conceito de tempo-espaço.

1. Introdução

A lei do design foi introduzida em 1996 por Adrian Bejan [1] como um resumo de todos os fenómenos de design e evolução na natureza, tanto biológicos como não biológicos, e descreve a tendência da natureza para gerar designs que facilitam o fluxo. Todo o design observável na natureza é auto-organização e auto-otimização.

Partindo da lei da construção e do acesso mais fácil às correntes impostas que fluem através de um sistema finito, chegámos à nossa teoria da eficácia do transporte na natureza através da auto-organização da matéria em interação com o ambiente.

Nos nossos sistemas de transporte, podemos observar que o princípio do volume mínimo para a mesma massa é uma condição fundamental. Pode ser um carro ou um navio mercante, o tamanho não importa, o princípio geométrico é o mesmo para esta regra de transporte.

Começamos por analisar um sistema de transportes como princípio geral. Nesta análise, temos sempre três subsistemas diferentes que interagem: Bagagem, veículo e ambiente (Fig. 1).

Fig.1 Princípio geométrico de um sistema de transporte optimizado e não optimizado.

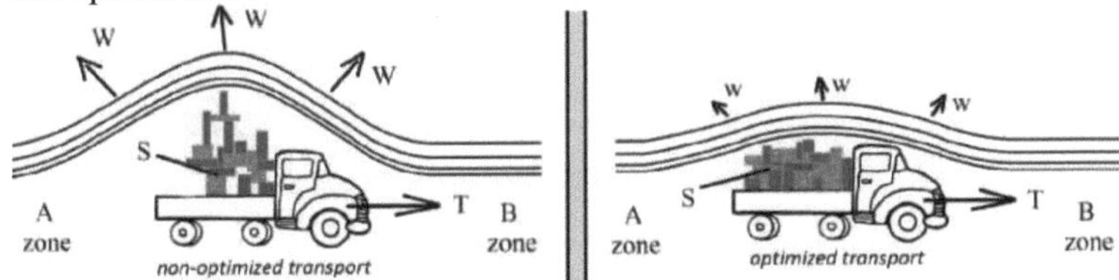

S - our system, matter transport zone

W, w - environmental system, waves zone, our system limits

T - traction system, ouside energy

A bagagem é a matéria, o nosso sistema durante o seu desenvolvimento temporal.

A matéria, a energia transportadora e outra matéria como meio são três subsistemas diferentes em qualquer tipo de sistema de transporte. Observamos que a energia e o meio de transporte estão fora da nossa bagagem, fora do nosso subsistema interessado.

A otimização nos transportes deve começar pela geometria. Sabemos que as regras geométricas funcionam em todas as dimensões, por exemplo, as regras de Pitagora são válidas em todas as dimensões dos triângulos.

O primeiro princípio é o sentido do trajeto, do caminho ou da linha. O movimento é, de facto, geometria em dinâmica.

Cada tipo de transporte tem também uma finalidade, da zona "A" para a zona "B" ou vice-versa, no sentido inverso. Assim, as nossas observações sugerem que o transporte tem uma forma geométrica, com um sentido de desenvolvimento. Ao mesmo tempo, seguimos o nosso sistema, o sistema exterior e o sistema trator, com os três subsistemas a interagirem entre si. Partimos da hipótese de que o efeito do ambiente e o efeito do elemento trator obrigam a nossa bagagem a organizar-se de forma óptima para o transporte.

Isto significa que o sistema de bagagem "auto-montado" pode ser o resultado de duas acções externas, o trator e o sistema ambiental. Mas o nosso sistema não é uma única peça de bagagem, muitos subsistemas "auto-montados" constituem a matéria e assim por diante.

A matéria flui, de cada zona "A" para cada zona "B". Isto significa que não se trata de uma geometria estática e que tem um sentido de fluxo. Cada transporte de matéria contém subsistemas e é forçado a construir uma geometria de fluxo específica, de acordo com os sistemas trator e ambiental. Isto implica interacções.

Compreendemos que as interacções com o ambiente, tais como a pressão ou qualquer tipo de forças, estabelecem limites à nossa bagagem auto-montada e limitam-na. Assumimos que as partículas mais pequenas do universo não são como um cubo, um cilindro ou um cone. Assumimos que as partículas mais pequenas do Universo, a nossa bagagem, tendem a ser esféricas. O mesmo acontece com as partículas maiores, todas as estrelas e planetas do nosso universo. A esfera é uma chave de correntes, assumimos a geometria mais estável e não está incluída neste artigo.

2. Princípio básico da embalagem estática e dinâmica

Observamos que o princípio do volume mínimo é um princípio de base para todas as empresas de transporte marítimo. O ambiente garante que as nossas bagagens são organizadas da forma mais eficiente possível. Ser eficiente no transporte significa ser eficiente na geometria, e as primeiras esferas densamente embaladas foram produzidas no século XVII. Johannes Kepler, matemático e astrónomo. Era da opinião que nenhum arranjo de esferas do mesmo tamanho que preencham

o espaço tem uma densidade média maior do que o arranjo cúbico e hexagonal. A densidade do arranjo hexagonal é de aproximadamente 74,05%. Esta é uma conjetura matemática sobre o empacotamento de esferas (volume sem dinâmica) no espaço euclidiano tridimensional e, em 1994, Fejes Toth provou matematicamente que a rede hexagonal é o mais denso de todos os empacotamentos bidimensionais possíveis, tal como referido por Conway e Sloane. [2]

Agora, talvez seja possível descobrir este arranjo auto-optimizado de esferas como uma lei construtiva e fundamental na natureza. Podemos agora observar o princípio da auto-organização natural em redes com uma secção transversal triangular (hexagonal).

Pelo contrário, podemos observar muitos tetraedros fluidos num espaço euclidiano tridimensional. A matéria em fluxo não é um sistema estático. (Fig. 2)

Fig.2 A conjetura de Kepler é um arranjo de empacotamento estático e não dinâmico

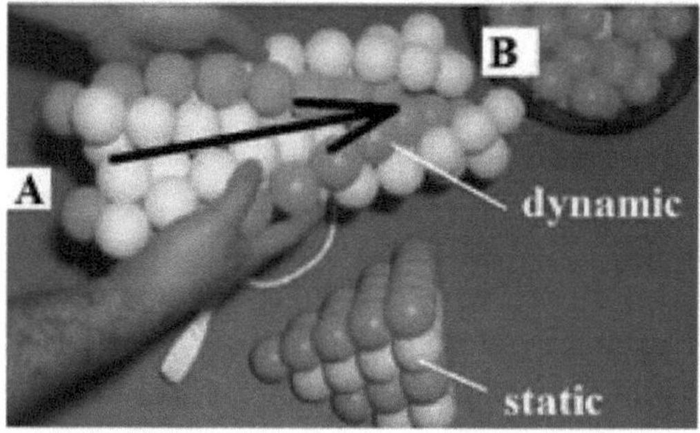

a)   Static and dynamic packing, many tetraehedrons flowing

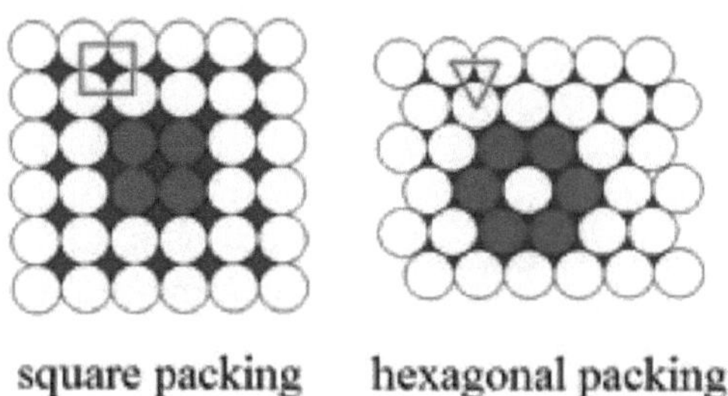

b)   Square packing versus hexagonal packing

Ao deslocar-se de A para B, assumimos que as posições relativas tetraédricas garantem um volume mínimo. Como princípio de conceção mais simples, todos os fluxos podem assumir uma forma geométrica de transporte que depende do ambiente de propagação e do trator. A bagagem interage com o trator e o ambiente e o primeiro resultado visível é uma forma geométrica. Cada princípio geométrico ou regra geométrica é o mesmo para todas as dimensões. Isto significa que um princípio geométrico pode ser utilizado para qualquer escala do Universo, quer se trate de matéria detetável ou não.

A hélice de Boerdijk-Coxeter, que surge como um empacotamento linear de tetraedros regulares (ou não regulares), pode ser uma solução muito eficiente para alguns problemas de empacotamento próximo no transporte de massa. Existem duas formas quirais que são enroladas no sentido dos ponteiros do relógio ou no sentido contrário ao dos ponteiros do relógio e não se repetem em rotação. [3] (Fig. 3)

Fig.3 Conjetura de Kepler, num empacotamento dinâmico, uma tetrahélice

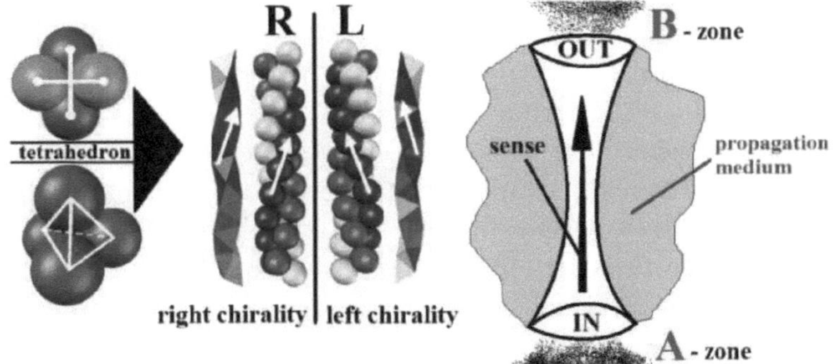

Sabemos que um transporte de matéria de "A para B" tem de interagir com o meio de propagação. Por esta razão, o transporte de matéria como um sistema deve interagir menos com o ambiente vizinho como um sistema externo. O empacotamento

em forma de tetrahélice minimiza o volume durante o transporte. Este tipo de "cilindro" pode ser uma "linha" de transporte tridimensional eficiente para a matéria. Estas "linhas" de transporte podem formar uma geometria tridimensional porque o nosso universo tem três dimensões. Por mais "linhas tetrahelix" que juntemos, podemos sempre criar um volume.
É uma geometria dinâmica com significado e quiralidade.

3. As nossas previsões, as antigas e as novas previsões nos sistemas de fluxo natural

Fizemos uma previsão: todas as linhas de transporte (detectáveis ou não) são estruturas de fluxo em espiral. São estruturas de fluxo tridimensionais, como tornados, e há um sentido de transporte de "A para B" e uma quiralidade de transporte. (Fig. 3)
É claro que não estamos sozinhos. René Descartes fez uma descrição intuitiva e geométrica na sua obra publicada em 1644. Em "Principia Philosophia", página 213, a estrutura das linhas de força magnéticas é esboçada como pequenos vórtices.
Em toda a natureza, tudo tem um sentido de evolução e uma forma construtiva. Muitos fluxos naturais podem ser vistos como geometrias de fluxo tetrahelix. É possível que tudo tenha uma rotação e que cada subsistema apareça como uma geometria rotacional e assim por diante. Tratar-se-ia de uma correlação entre princípios de fluxo.

Em 1938, Irving Langmuir descobriu que, quando o vento sopra sobre a superfície da água, são criadas muitas células de convecção. O vento cria movimentos em espiral, um padrão de circulação sob a superfície da água[9]. [9] Estas células começam a rodar como tubos (braços) sob a superfície da água e apontam na direção do vento. (Fig. 4)

Fig.4 Representação esquemática das células de circulação de Langmuir.

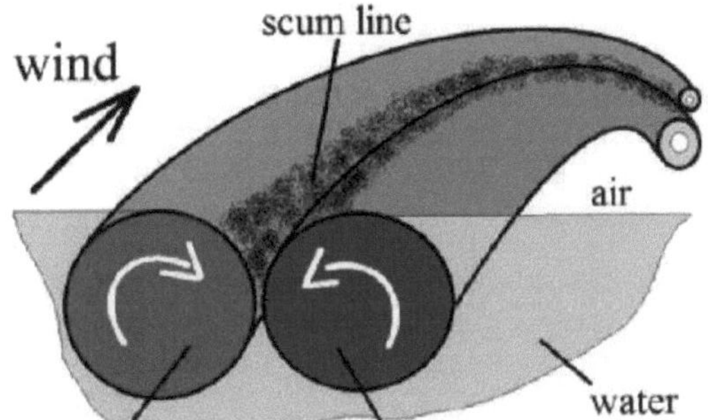

Os tubos (braços) rodam em direcções opostas. A distância entre duas linhas de bolhas (e escória) é a mesma para dois vórtices e assumimos que, para além do transporte da linha de quiralidade esquerda, deve existir também um transporte da linha de quiralidade direita, uma vez que se trata de um transporte auto-organizado e natural.
Fizemos uma previsão. Muitas linhas de transporte só podem construir camadas com padrões de quiralidade opostos. O ambiente, neste caso, é o vento. Este obriga a água (a bagagem) a organizar-se de forma natural.
V.W. Ekman, o mais famoso oceanógrafo da sua geração (1905), observou a importância das camadas nas correntes oceânicas. [10] A água oceânica é um transporte de massa, uma enorme bagagem que interage com a superfície inferior da terra e acima

dela com o vento.

Pode ser um sistema de tração, por um lado, e um sistema ambiental, por outro. Nas suas descrições, as geometrias do transporte de água são espirais, camadas ou linhas de transporte. Fizemos algumas previsões:

o   Cada linha de transporte pode, de facto, ser uma linha tridimensional, um tornado.

o   Cada linha (tornado) tem um sentido e uma quiralidade de transporte.

o   Cada linha pode ser rodeada por outras linhas com quiralidade oposta, criando camadas (cada linha pode ser o nosso sistema, a bagagem, e as linhas circundantes são o sistema ambiental).

Agora podemos imaginar as linhas de transporte como linhas de força físicas entre dois pontos, da zona "A" para a zona "B". Estas linhas de força podem formar camadas de fluxo, como falsas superfícies. Esta é a primeira referência à versão de James Clerck Maxwell de uma teoria de vórtices moleculares. Maxwell propôs os vórtices como uma representação física das linhas de força, que desenvolveu no seu artigo em quatro partes "On Physical Lines of Force" (1861-62) [7]. Neste trabalho, Maxwell passou da sua discussão sobre a geometria física das linhas de força em "On Faraday's Lines of Force" (1856) para uma mecânica física do campo. Finalmente, Maxwell unificou os campos magnéticos (transporte) com os campos eléctricos (transporte) utilizando o mesmo princípio geométrico, o princípio da espiral. Maxwell foi o primeiro a conceber um sistema de transporte eficaz. Por esta razão, ele conseguiu unir a eletricidade ao magnetismo.

De facto, o transporte mais eficaz consiste em permitir que a matéria flua numa determinada geometria. Com base na sua intuição, Maxwell começou com um modelo em que todo o espaço é preenchido com tubos de vórtice. No entanto, há um problema mecânico imediato. O atrito entre vórtices vizinhos levaria à sua interrupção. Maxwell optou por uma solução técnica prática. Colocou entre os vórtices "rodas de apoio" ou "rolamentos de esferas". Os vórtices podiam então rodar na mesma direção sem atrito. Publicou uma imagem dos vórtices, representada por uma série de hexágonos em rotação, o modelo de vórtice molecular de Maxwell.

Agora podemos extrair e prever a primeira regra geométrica do transporte: um fluxo quiral eficiente é rodeado por fluxos anti-quiral. A quiralidade alternada parece ser muito importante no transporte de matéria, quer seja detetável ou não. (Fig. 5)

Fig.5 Geometria quiral e anti-quiral de fluxos helicoidais (mesma direção do fluxo na secção).

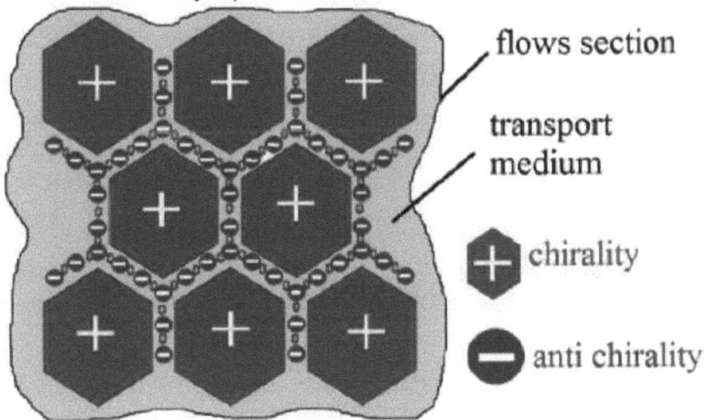

Nas antigas teorias do éter ou em qualquer teoria moderna das partículas (por exemplo, a teoria das supercordas), este princípio de construção deve ser o mesmo. Na geometria, as regras são independentes das dimensões ou do tempo. As linhas de éter ou de supercordas também fluem no mundo invisível.

4. Positivo, negativo ou quiralidade em linhas de transporte

Como o universo é fluido, interessa-nos uma cadeia de tetraedros fluidos, ou seja, uma tetrahélice, segundo os estudos de Boerdijk-Coxeter. Com base em Decarthes, Langmuir, Maxwell e outros, uma linha de transporte significa uma estrutura em espiral, um transporte em espiral.

Vemos as linhas de força como um transporte em espiral da zona "A" para a zona "B". Reconhecemos a primeira regra de interação no transporte entre quaisquer dois tornados vizinhos. O padrão geométrico do transporte é o mesmo, independentemente de as pequenas partículas serem detectáveis ou não, independentemente de o meio de propagação ser detetável ou não. (Fig. 6)

Fig.6 Modelo construtivo de transporte eficiente, interacções entre dois

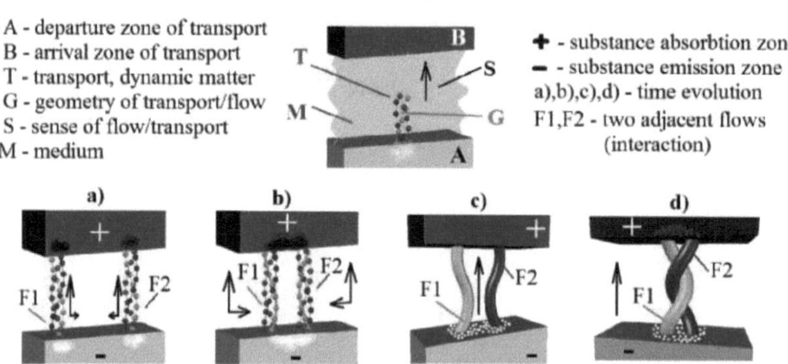

fluxos helicoidais.

Para um único fluxo, o meio de propagação é, de facto, outros fluxos, localizados ou não.

O plasma existe em muitas formas na natureza e é amplamente utilizado na ciência e na tecnologia. É um tipo especial de gás ionizado e consiste geralmente em iões de carga positiva, electrões e neutrões (átomos, moléculas, radicais). O transporte das partículas no plasma ocorre numa geometria em espiral.

Um modelo que enfatiza o acoplamento de cargas com sinais opostos é a descrição do plasma como um fluido condutor. Esta descrição do transporte do plasma é designada por dinâmica dos fluidos magnéticos ou dinâmica dos fluidos plasmáticos. [11]
Na física dos plasmas, não estamos interessados em fórmulas, pelo que apenas olhamos para a geometria. As partículas carregadas formam duas linhas de transporte de corrente com quiralidade diferente.
A ideia de combinar a quiralidade natural (esquerda e direita) com partículas carregadas (positivas ou negativas) estava presente desde o início. Outro princípio geométrico daí derivado é a quiralidade das linhas de transporte de partículas (esquerda e direita ou negativa e positiva).
Fizemos uma nova e uma das mais importantes previsões: em todo o mundo natural não existem "sistemas carregados", existem apenas sistemas de transporte quiral. Os fluidos não são sistemas carregados, são "linhas" turbulentas, "linhas" paralelas e "camadas"!
Os planetas do nosso sistema solar não são sistemas "carregados". São a nossa bagagem numa posição auto-organizada, com movimento de rotação, com rotações quirais em direção ao centro galáctico. Os planetas do sistema solar podem ser as testemunhas do fluxo para a zona "B" de um dos braços galácticos quirais.

5. Regras para a interação em espiral entre linhas de tráfego - "O Código Fundamental"

Prevemos que na natureza existe um conjunto de regras básicas de interação entre quaisquer dois fluxos espirais vizinhos, a que chamamos o "Código Fundamental". (Fig. 7) Não importa se se trata de transporte de calor ou de fluidos, de transporte magnético ou elétrico, de transporte gravitacional ou de fluxos galácticos. Toda a natureza obedece à primeira regra de construção, o "Código Fundamental", uma chave geométrica. (Fig. 7) Partimos do princípio de que este conjunto de regras geométricas pode alterar a nossa visão do universo fundamental numa perspetiva dinâmica.

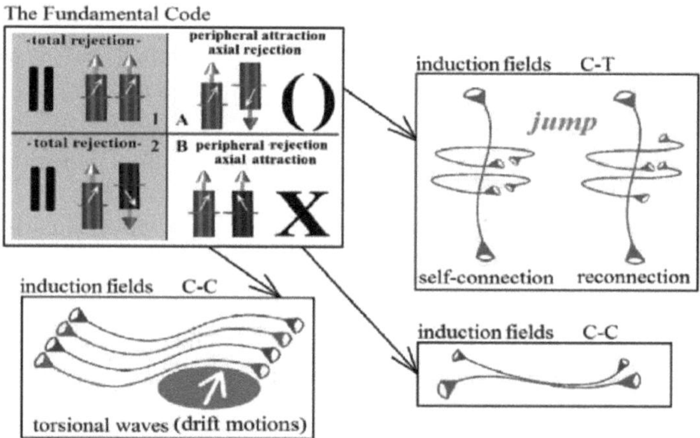

Fig.7 Código de base, um conjunto de regras de interação

Para uma melhor compreensão, o "Código Fundamental" contém três símbolos diferentes: II, ( ) e X. É a base, o princípio fundamental para qualquer tipo de transporte de matéria, seja ele detetável ou não. A fluidez do Universo, como transporte de matéria, detetável ou não, é essencial para a nossa compreensão. O corpo humano ou qualquer outra forma de vida é, de facto, um grande sistema com muitos subsistemas de fluxo helicoidal. A natureza das hélices de base determina a evolução temporal dos sistemas de transporte em função do ambiente. O ADN, o ácido desoxirribonucleico, ou o ARN, o ácido ribonucleico, obedecem a este princípio de transporte optimizado. As posições das partículas (aglomerados estáveis de correntes helicoidais) podem ser testemunhas do movimento helicoidal.

Nas correntes naturais, observamos que uma corrente forte pode induzir outra corrente local que pode perturbar o transporte local. Uma vez que o vento induz um movimento helicoidal na água do mar, compreendemos o mecanismo do movimento indutivo. Além disso, previmos que o mecanismo indutivo seria generalizado.

Previmos dois princípios indutivos, cilindro-cilindro (C-C) e cilindro-toro

(C-T), que não são considerados neste trabalho (Fig. 7). O princípio "C-C" conduz a uma quiralidade oposta e o princípio "C-T" a uma quiralidade igual.

Como um tornado se move em espiral na direção vertical, pode também mover-se horizontalmente ao mesmo tempo. Trata-se de um movimento de deriva. O "C-C" pode formar uma cadeia como uma camada de tornados. Trata-se de um mecanismo geométrico de propagação de ondas. (Fig. 7)

Os dois princípios indutivos e o transporte local (ondas, movimentos de deriva) requerem um novo conceito de espaço-tempo para uma melhor compreensão e não são aqui considerados.

Não é importante a razão pela qual os sistemas fluem da zona IN-A para a zona B-OUT. O tipo de sistema de máquinas de tração não é importante.

Entre a zona IN e a zona OUT pode existir uma diferença de pressão, uma diferença de temperatura, uma diferença de potencial, etc., mas a geometria de base do transporte deve respeitar o "Código Fundamental", uma chave geométrica da relatividade geral.

Se conseguirmos compreender a geometria do universo, isso significa que podemos finalmente ler a informação oculta.

Resumamos:

Cada tornado tem um sentido de transporte, uma quiralidade e uma interação com outros tornados vizinhos. As interacções só podem ter lugar na zona A, na zona B - ou seja, na periferia - ou na zona de transporte - ou seja, na interação axial. Um conjunto completo de regras para as interacções helicoidais é conhecido como o "código fundamental". Este código e os dois "princípios de indução" (que não são explicados nesta apresentação) são, de facto, regras para interacções helicoidais entre linhas de transporte arbitrárias.

C-C = cilindro - cilindro (esquerda - direita)

C-T = cilindro - tórax (esquerda-esquerda ou direita-direita)

Os princípios de indução explicam as ondas, cadeias de transporte espiralado localizado. (Fig. 7)

Nas décadas de 1950 e 1960, John Archibald Wheeler especulou que o espaço-tempo curvo e vazio poderia exibir uma dinâmica rica e não linear (geometrodinâmica), correspondente à superfície contorcida do oceano numa tempestade [8]. Wheeler desafiou os seus alunos e colegas a explorar a geometrodinâmica resolvendo as equações de campo relativistas gerais de Einstein. Wheeler imaginou o universo como um fluido, uma geometria em constante dinâmica. Maxwell pensava o mesmo e combinou magnetismo e eletricidade.

As mesmas regras aplicam-se ao transporte de partículas eléctricas ou magnéticas.

"Geometrodinâmica Helicoidal" é o novo nome da "Teoria dos Campos Unificados". Esta teoria (e prática) está em curso e tem no seu centro o conjunto original de regras das interacções em espiral, o "Código Fundamental".

A "teoria da construção" tornou-se "geometrodinâmica espiral", os princípios básicos das interacções espirais que podem explicar a face geométrica de todo o universo.

Podemos compreender a base da mecânica dos fluidos no universo partindo de regras fundamentais e intuitivas. Da mecânica quântica à mecânica clássica, não há razão para alterar as regras geométricas. Os teoremas de Pitagora funcionam em todas as dimensões do triângulo. Existe um "princípio de correspondência geométrica" entre as dimensões.

6. Correntes em linhas e camadas, quiralidade na ciência das correntes

Na ciência atual, as linhas e as camadas já são utilizadas para analisar os fluxos. Em princípio, a dimensão dos sistemas de fluxo não deve ser demasiado importante.

Por exemplo, na análise das tensões viscoelásticas nos escoamentos elásticos de materiais sólidos, são utilizados métodos de transformação que são geralmente designados por "princípio de correspondência". Este princípio é visual, geométrico.

O modelo Maxwell-Wiecheart [4], [5], é a forma mais geral do modelo linear para a viscoelasticidade. Este modelo generalizado, no qual interagem muitas camadas, é de facto um princípio de conceção semelhante ao dos sistemas físicos conhecidos [5], [6]. (Fig. 8)

Fig.8 Representação esquemática do modelo Maxwell-Wiechert, camadas de fluxo.

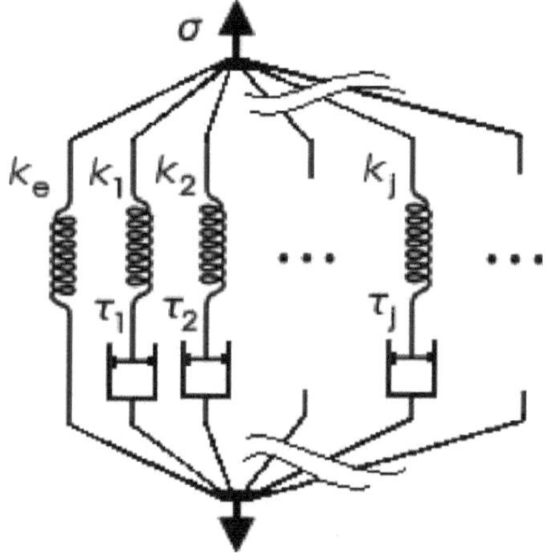

Os elementos paralelos Maxwell-Wiecheart representam fluxos de materiais reais, um princípio geométrico de transporte de massa em camadas.
Prevemos que estas camadas, como mecanismos lógicos ou correntes naturais, são o resultado da combinação de correntes de quiralidade.
Após muitas observações e comparações, chegámos à conclusão de que existem três classes de fluxos quirais. Uma classe dimensional de partículas pode ter um fluxo natural de rotação à esquerda e à direita. Estes movimentos podem ser conjugados ou não conjugados. A segunda classe de partículas dimensionais só pode existir na natureza numa única quiralidade. Não existe

quiralidade conjugada para elas. (Fig. 9)

A classe dos férmions tem apenas uma quiralidade - por exemplo: electrões, magnetões, gravitões (direita). A classe dos bosões tem ambas as quiralidades (esquerda e direita) - por exemplo: fotões, gluões. A classe dos predões também tem ambas as quiralidades, mas é modificada pela intervenção humana. (Fig. 9)

Fig. 9 Bosão, férmion e predão, três tipos de tornado.

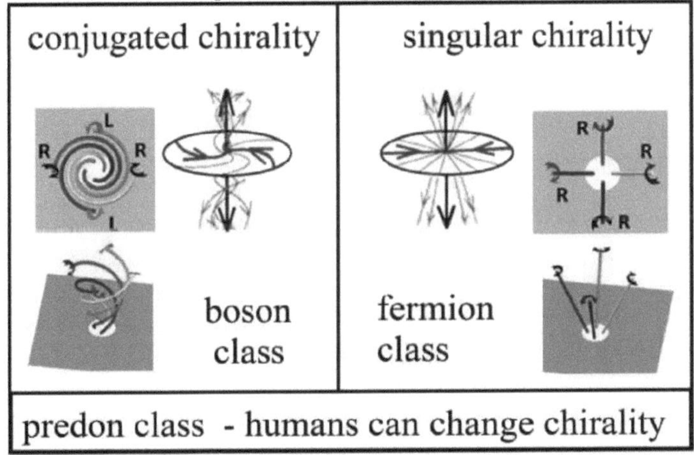

Uma vez que os seres humanos podem alterar a quiralidade de alguns tornados, chamámos a estas classes de tornados "predões". Bosões, férmions e predões, as três classes, mostram-nos um comportamento específico nas interacções, geometrias específicas. (Fig. 9)

Para qualquer fluxo, precisamos de saber que tipo de quiralidades estão envolvidas para podermos prever a geometria do fluxo. Por outro lado, podemos prever as quiralidades quando vemos a geometria.

Encontrámos 4 regras básicas para as interacções helicoidais, a que chamamos o "Código Fundamental". (Fig. 10)

Na teoria geral da relatividade, existem quatro situações para o

"Código Fundamental". Duas delas são simples e designam-se por rejeição total.

Se dois tornados vizinhos tiverem o mesmo sentido e a mesma quiralidade, repelem-se mutuamente entre os seus eixos e ands. Trata-se de uma situação de fricção simples e intuitiva. O mesmo para sentidos opostos e quiralidade oposta significa repulsão total. (Fig. 10)

Fig.10 "Código Fundamental" - Classes e geometrias construtivas.

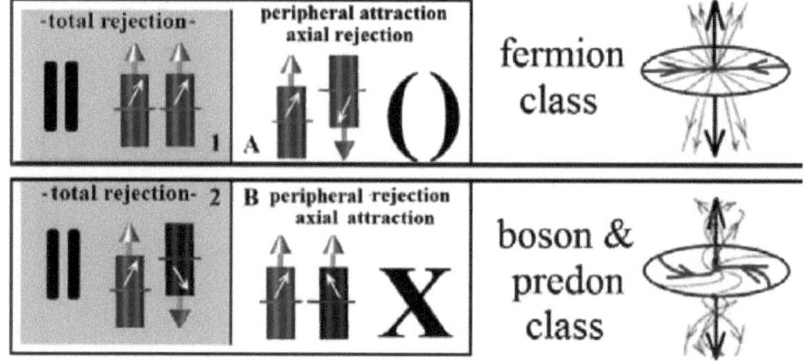

O caso seguinte é de quiralidade igual e sentidos opostos, ou seja, atração periférica e repulsão axial (A). O quarto caso é de quiralidade diferente e sentidos iguais, ou seja, repulsão periférica e atração axial (B). Para uma melhor compreensão, "O Código Fundamental" contém três formas simbólicas diferentes: **II, ( ) e X**.

O símbolo "**II**" é utilizado para indicar a rejeição total.

O símbolo "**( )**" significa repulsão axial e atração periférica, na classe dos férmions com sentido oposto ou um após o outro, forma de cadeia, caso A. (Fig. 10)

O símbolo "**X**" é utilizado para visualizar a atração axial.

Como veremos, rotações opostas, os bosões são rodas conjugadas, podem formar aglomerados, mas também cadeias.

São amigos uns dos outros, podem abraçar-se.

As rodas não conjugadas são repulsivas, os férmions não podem formar aglomerados, apenas cadeias. Não são assim tão amigáveis, uns com os outros.

Os bósons podem formar tornados longos e grandes, mas os férmions só podem formar tornados longos. Por esta razão, o "Código Fundamental" tornou-se uma lei de projeto na física das partículas.

Na primeira direção, ou na direção oposta, utilizaremos "O Código Fundamental".

O sentido e a quiralidade das interacções helicoidais implicam uma série de regras de conceção.

Na nossa imaginação, o spin das partículas elementares significa quiralidade e (+ spin) ou (- spin) significa o sentido dos tornados.

Em situações da classe dos férmions, existe apenas uma atração periférica. Aqui, apenas as extremidades dos tornados são atraídas. Existe apenas uma força de atrito repulsiva ao longo do eixo do tornado.

Na classe dos bosões ou dos predões, a atração axial e a repulsão periférica ocorrem no mesmo sentido. Nesta situação, a classe dos bosões e dos predões forma não só cadeias com quiralidades alternadas, mas também feixes de cadeias.

Em todos os casos, as situações de fricção são intuitivas.

A teoria da gravidade, uma teoria cinética da gravidade, foi proposta pela primeira vez por Nicolas Fatio de Duillier em 1690 e mais tarde por Georges-Louis Le Sage em 1748. Tratava-se de uma explicação mecânica para as linhas de gravidade de Newton.

Em termos de fluxos de minúsculas partículas invisíveis, Le Sage chamou corpúsculos ultramundanos. Nas suas visões, as partículas indetectáveis que todos os objectos materiais de todas as direcções. Ninguém pensou num possível padrão de bombardeamento de partículas [12].

A CMB é uma radiação cósmica de fundo que tem uma

importância fundamental para a cosmologia observacional, uma vez que é a luz mais antiga do universo.

A radiação cósmica de fundo em micro-ondas está polarizada e, segundo os cosmólogos, há dois tipos de polarização. São os chamados modos E e modos B. Isto corresponde à eletrostática, em que o campo elétrico (campo E) tem uma curvatura de desaparecimento e o campo magnético (campo B) tem uma divergência de desaparecimento [13].

Prevemos que a CMB como radiação térmica é uma rede de transporte natural de aglomerados. Obedece ao "código fundamental". Os modos E pertencem à classe dos férmions e os modos B à classe dos bósons. A informação da assinatura da onda gravitacional da inflação está escondida na geometria. Assim, prevemos com o "Código Fundamental" que os gravitões fluem na classe dos férmions, mas há outro tipo de fluxo. Há fluxos na classe dos bosões entre os gravitões. (Fig. 11)

Fig.11 "O código fundamental", aplicado em cosmologia.

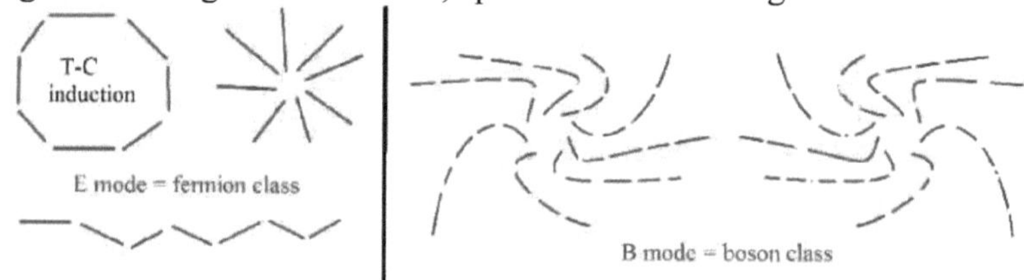

A Via Láctea tem braços espirais com diferentes quiralidades.

Uma vez que "o vento" sopra sobre os planetas, eles próprios estão dispostos em braços, "células de Langmuir". Prevemos, portanto, que cada planeta de uma galáxia espiral flui em direção ao centro galáctico apenas com a ajuda de tractores da classe dos bosões.

A "lei de conceção" do transporte galáctico é uma geometria demonstrável. Reconhecendo os padrões de fluxo e utilizando o "Código Fundamental", podemos agora compreender a natureza da gravidade ou "sob gravidade".

Prevemos que "O Código Fundamental" deve estar presente em qualquer teoria avançada que tente descrever o universo usando campos rotacionais. Sem rotação, não podemos aplicá-lo, e acreditamos que o universo não é compreendido.

Partindo da observação da natureza, que foi alargada a todo o mundo observável e para além dos domínios intuitivos, a geometria comum mais frequentemente observada no tráfego é a forma helicoidal. A geometria é, de facto, a informação, e nós devemos observá-la e podemos agora lê-la.

7. "O código fundamental", do universo à mecânica quântica

O físico matemático britânico Roger Penrose publicou "The Road to Reality: A Complete Guide to the Laws of the Universe" em 2004[14]. [14] Roger Penrose tentou explicar o universo com a ajuda da teoria das cordas, da gravidade quântica em loop ou da teoria do twistor. A teoria da torção foi proposta pela primeira vez por Penrose em 1967 como um caminho possível para uma teoria da gravidade quântica [15].

O caminho geométrico do transporte do ponto A para o ponto B é essencial para Penrose. A certa altura, ele deu sentido geométrico a esta ideia de transporte usando o conceito de um feixe torcido. Na nossa opinião, uma linha de transporte, um tornado, recebe mais tornados em tais situações do que um único tornado. (Fig. 12)

Fig.12 Uma cadeia de tornados durante o transporte, com a mesma geometria da teoria de Roger Penrose.

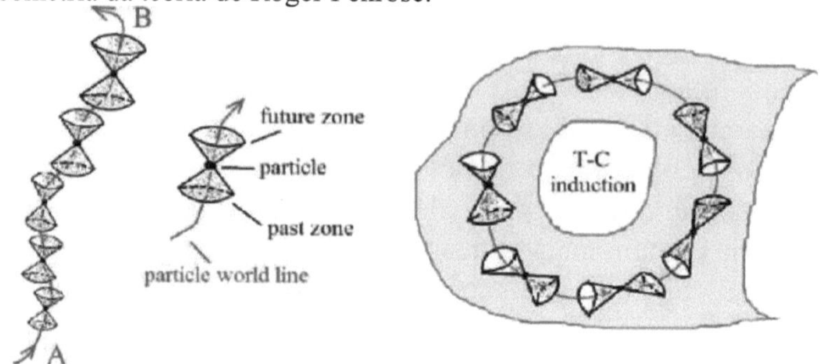

Na nossa opinião, as "leis de Penrose" devem ser "leis construtivas" e, mais ainda, "leis de transporte ótimo". Este livro trata dos fundamentos do modelo padrão da física das partículas e coloca a relatividade geral ao lado da mecânica quântica. Na nossa opinião, a unificação destas duas teorias só é possível com a ajuda do "Código Fundamental", um conjunto geométrico de regras para as interacções em espiral.

O código também pode explicar a teoria dos tornados de Roger Penrose. Uma cadeia de tornados em ligações periféricas pode explicar o transporte temporal das partículas.
As ideias destes "outros" remontam a 1919, quando Theodor Kaluza e Oskar Klein apresentaram uma extensão da teoria geral da relatividade de Einstein, na qual o número de "dimensões do espaço-tempo" foi aumentado de 4 para 5 [14]. Prevemos que a gravidade seja constituída por correntes quânticas da classe dos férmions, fluindo em linhas de força paralelas como toranados repulsivos no "modo E" do "Código Fundamental".

A conceção das redes de spin quântico de Penrose na álgebra de Kauffmann [16] mostra-nos que muitas camadas interagem. O momento angular da mecânica quântica é a base da teoria das redes de spin quânticas. Kauffmann observou a mesma chave, o spin, em ligação com a mecânica quântica e a teoria da relatividade.

Fig.13 Interação em modo B, mesma direção, quiralidade oposta de duas camadas.

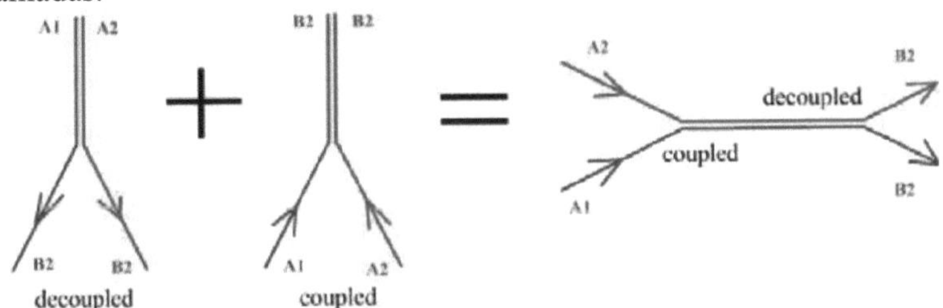

Prevemos que as interacções quânticas têm regras construtivas, e estas são "O Código Fundamental" (Fig. 13). No entanto, um diagrama de Feynman é uma representação dos processos da teoria quântica dos campos sob a forma de trajectórias de partículas. As trajectórias das partículas são representadas pelas linhas do diagrama, que podem ser diferentes consoante o tipo de partícula [18]. Representado como geometria, o diagrama de Feynman representa um processo de interação em espiral e prevê-se que contenha "o código" (interacções axiais). (Fig. 13)

8. "O código fundamental", fluxo gravitacional e teoria das cordas

Lee Smolin, um dos autores da teoria da gravidade quântica em laço, que estudou as redes de spin de Penrose, teve uma ideia.

Olhou para a geometria quântica de uma perspetiva de "volume mínimo" [17]. Já sabemos que esta era a melhor ideia. As ondas gravitacionais, na visão de Smolin, respeitam o princípio do movimento de deriva, tornados como ondas (Fig. 14).Leonard Susskind, um dos autores da teoria das cordas, disse que as cordas são, de facto, um outro ponto de vista dos diagramas de Feynman. As trajectórias das partículas são substituídas por cordas [18]. As D-branas são uma classe de objectos estendidos sobre os quais podem terminar cordas abertas com condições de fronteira de Dirichlet, que lhes deram o nome (Fig. 15). Nesta situação, qualquer teoria das cordas deve também conter regras para interacções helicoidais.

Fig.14 Ondas gravitacionais como movimentos de deriva do transporte em espiral.

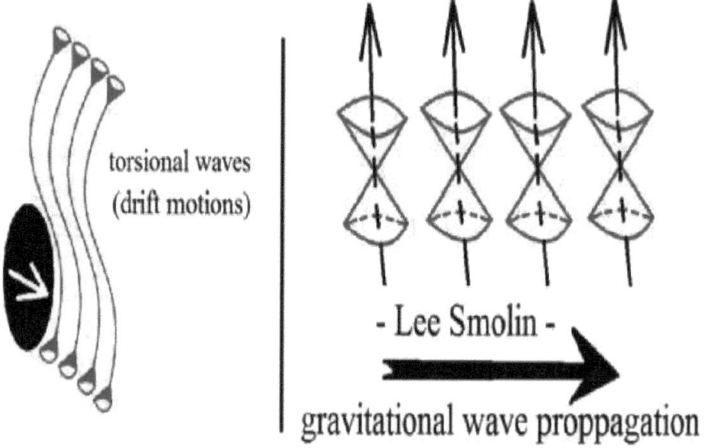

Uma lei construtiva deve impor uma estrutura geométrica para permitir um transporte eficaz. Isto significa que temos de ver "o código" nas interacções das cordas.

Na Figura 15, as camadas, enroladas ou não, aparecem como um transporte eficiente de partículas, um transporte em espiral, mesmo na física teórica.

(Fronteiras Diriclet - D-Branen)

Fig.15 As correias em D são camadas sobrepostas e o transporte em espiral é feito por camadas enroladas.

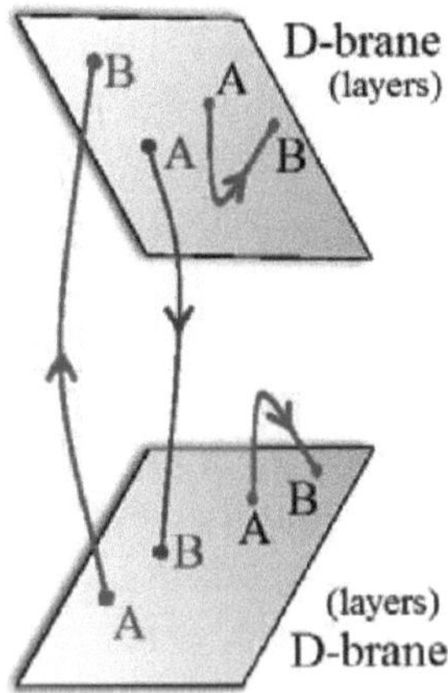

A teoria das cordas é uma teoria de campos fluidos, uma teoria unificada.
Michio Kaku, outro autor da teoria das cordas, publicou uma espécie de regras de interação [19].

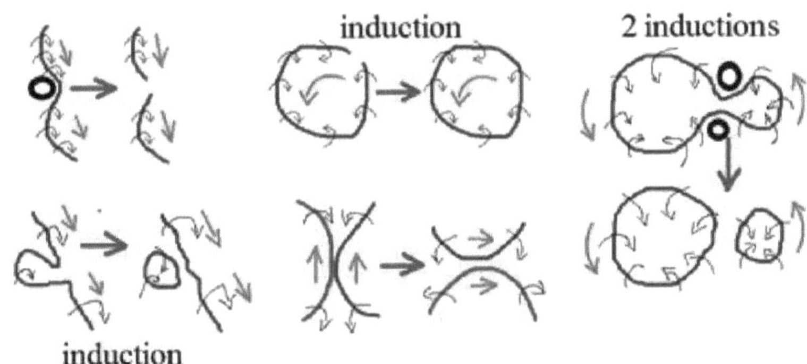

Fig.16 "O código fundamental" e as interacções na teoria das cordas

Na Figura 16 vemos as cordas a interagir, como observado por Michio Kaku, mas os sentidos e as quiralidades de as correntes helicoidais são altamente resolvidas. As linhas de força da gravidade ou as linhas de força magnéticas são fios minúsculos. São linhas de transporte helicoidais e obedecem ao "Código Fundamental". Estas regras têm também uma representação geométrica. Estas interacções de cordas podem ser compreendidas intuitivamente e com a ajuda do

"Código Fundamental", podemos completar e corrigir as regras de interação das cordas (Fig. 16). As cordas fechadas são induzidas. As cordas acopladas e desacopladas dependem do sentido e da quiralidade dos movimentos do fluxo. Kaku mencionou uma ideia de Albert Einstein e Nathan Rosen: um eletrão é um pequeno buraco negro.

Prevemos que uma única corda é constituída por muitas camadas enroladas num transporte axial, como "p-branas". Mas cada camada contém muitas cordas conjugadas, muitas outras camadas enroladas e assim por diante (Fig. 17).

Fig.17 Cada linha de transporte é um tornado e cada tornado contém muitas linhas (classe B-boson).

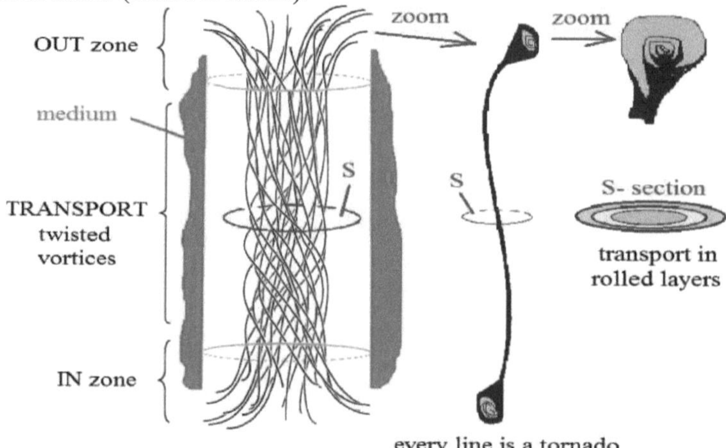

Na Fig. 17, vemos uma secção de tornado com camadas enroladas e o mesmo número de linhas de transporte com

quiralidade oposta. Mas cada linha é um tornado e assim por diante.

Fizemos uma previsão. A informação que entra e sai de um "buraco de minhoca" é, na verdade, a geometria criada pela natureza e pelos parâmetros do transporte. Parece-se com a informação original do ADN.

A ideia de "mini-buracos negros" foi retomada na teoria das cordas de Stephen Hawking. Na visão de Hawking e de outros físicos, cada mini-buraco negro é constituído por "p-branas" [20].

9. "Mini-buracos", a geometria básica dos processos de transporte natural

É claro que nenhum rato nasce do ADN de um elefante. Isto significa que uma chave construtiva está envolvida no processo evolutivo. A evolução depende das condições ambientais e do transporte espiral primordial. Prevemos que cada planta, animal e corpo humano usa "buracos de transporte" e "códigos de regras de transporte" na sua evolução.

Em vez disso, prevemos que o mecanismo de auto-replicação do ADN utiliza o princípio indutivo do cilindro-cilindro (C-C). A interação bóson-classe é necessária para o crescimento e o desenvolvimento.

O fluxo em camadas e linhas é também um transporte natural, não apenas na teoria das cordas ou em qualquer outra teoria final. Cada linha ou camada pode ser parte de um ambiente para outras camadas e linhas. Cada sistema de transporte é um ambiente para outros e vice-versa. Este princípio da "relatividade geral" é específico para cada fluxo de sistema. Assim, a Teoria do Campo Unificado torna-se uma teoria de fluxos em espiral e requer outro conceito de tempo-espaço que não está incluído aqui.

Qualquer ciência que utilize o movimento dos fluidos como

conceito fundamental utiliza linhas de fluxo e camadas. Foi entendido mais próximo dos sistemas de fluxo naturais e da evolução natural. Na natureza, para a evolução, não é tão importante a energia, o trator. Acreditamos que o trator está fora de todos os sistemas (bagagem), pelo que a adaptação da geometria à energia ou às condições ambientais é o mais importante.

De facto, a "energia mínima" de um sistema significa a sua capacidade de alterar a sua geometria para um transporte eficiente. Um sistema significa geometria, significa informação. Para mudar essa geometria eficiente, precisa de "energia". A conservação da energia é sinónimo de conservação da geometria de transporte eficiente. Para descrever o desenvolvimento temporal de uma geometria, precisamos de um ponto de referência, o conceito de "tempo".

Uma lei de conceção não se refere a um tipo de energia, mínimo, máximo ou outro. Uma lei de conceção deve referir-se à geometria do transporte mais eficiente. Um transporte eficaz significa menos energia, pelo que não é suficiente considerar o universo em termos de energia. As regras geométricas tornaram-se fundamentais e, por conseguinte, existem antes das regras energéticas. Se utilizarmos apenas regras energéticas, não podemos descrever o universo fundamental.

Qualquer teoria do mundo natural, nova ou antiga, deve conter esta "chave geométrica em espiral".

A geometrodinâmica helicoidal, uma nova teoria sobre o universo fundamental, trata de formas e geometrias em processos de transformação, na evolução natural. Aqui apresentamos algumas interacções helicoidais visíveis e invisíveis da natureza e da ciência.

É uma visão diferente do universo superfluido.

10. Correntes e quiralidade no mundo natural

A partir de agora, o "código" pode explicar todos os padrões naturais invulgares na tecnologia ou na natureza. Por exemplo, um verdadeiro tornado de fogo é um fluxo natural e auto-organizado. Nesta situação, os braços e o "cilindro" central são helicoidais. A geometria do tornado utiliza as mesmas regras de interação em espiral, "o código" (Fig. 18).

Fig.18 Tornado de fogo, classe B-bóson, braços de quiralidade oposta (vídeo, youtube.com)

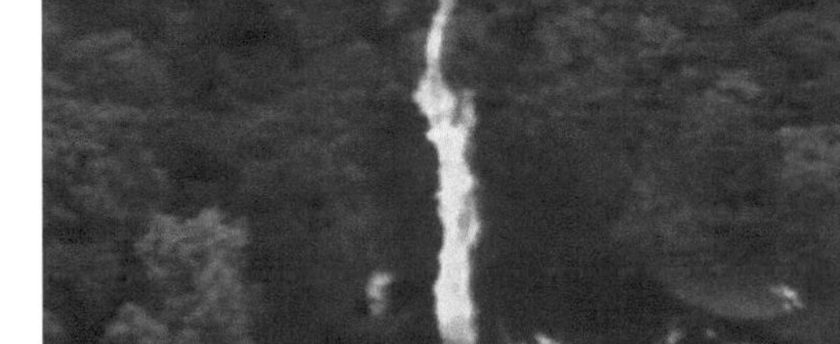
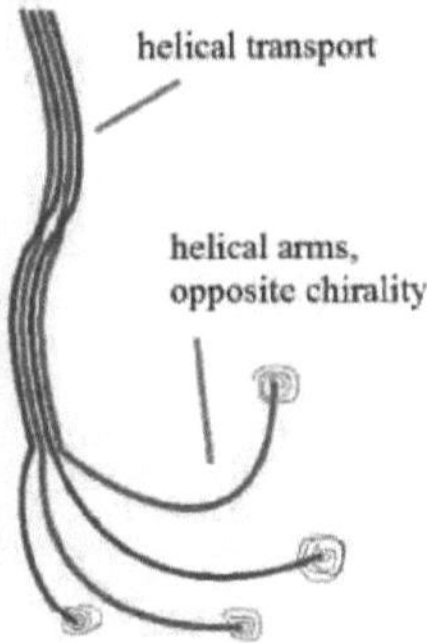

Todo o mundo natural cresce apenas com quiralidade oposta, na classe dos bosões. Na convecção térmica num corpo vegetal ou animal, o transporte em espiral é uma geometria fundamental. O transporte de ar quente, de uma fibra de celulose ou de uma fibra de queratina tem a mesma geometria em espiral. Na natureza, todos ocorrem com círculos de transporte A a B, com "buracos" e "poros".
Toda a gente segue "O Código".
Na natureza, as plantas são sistemas de transporte vivos. Embora se saiba que todas as fibrilas, microfibrilas e celulose são formas espirais, ninguém tem uma resposta para a pergunta "porquê?

Os órgãos das plantas, como caules, folhas, raízes, etc., apresentam um movimento de crescimento helicoidal curvo, que é conhecido como mutação circular [22] (Fig. 19).

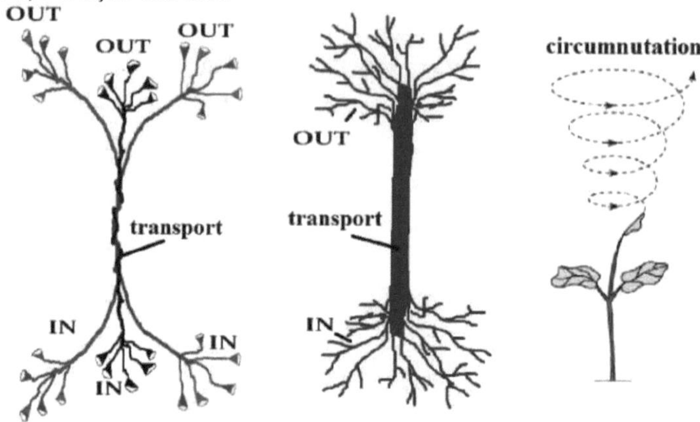

Em vez disso, muitos investigadores dizem que esta "hélice
invulgarmente inclinada transforma cada célula numa espiral".
[21] Prevemos que os caules e as raízes são camadas enroladas,
as folhas são camadas abertas. Os poros nas raízes e nas flores
são orifícios em hélice IN e OUT, camadas semi-abertas.
Na natureza, os animais são também sistemas de transporte
vivos. Por conseguinte, têm ciclos de transporte "IN-OUT".
Prevemos que os "buracos" dos animais são os "poros" das
plantas. Em vez disso, prevemos que tenham muitas camadas
abertas ou parcialmente abertas, como extremidades alongadas.
As impressões digitais (e as pegadas) geradas por digitalização
3D são pequenas elevações na parte superficial da pele
(epiderme) formadas por linhas na pele profunda (derme) [23].
Os padrões são estratificados e, por conseguinte, assemelham-se
a células de Langmuir.
O cabelo humano é constituído por várias camadas, incluindo a
cutícula, o córtex e a medula. Estas camadas estão interligadas
pelo complexo da membrana celular [24]. A maioria das células

corticais é composta por uma proteína conhecida como queratina. Como esperado, um único pelo é como um braço, uma estrutura em espiral em camadas fechadas. Todos estes braços juntos formam uma estrutura em tornado. O pelo flui para fora como um tornado (Fig. 20).

Fig.20 Os seres humanos e os animais crescem na classe B/bóson, braços de quiralidade oposta.

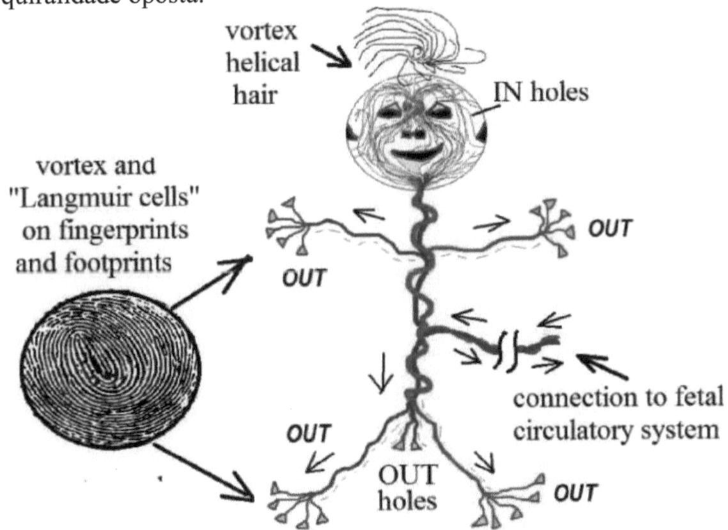

A pele é constituída por várias camadas de células e tecidos que estão ligados às estruturas subjacentes por tecido conjuntivo. As deslocações são as singularidades canónicas de padrões de riscas bidimensionais em sistemas invariantes em termos de translação e rotação. Estas singularidades são caracterizadas por uma quantidade denominada torção [25]. O mesmo se aplica às "células de Langmuir".
Um ovo ou uma semente desenvolve-se e acumula partículas. Ambos utilizam sistemas de transporte líquidos, gasosos ou térmicos. É assim que os seres humanos, os animais ou as plantas crescem na classe B/bóson, braços de quiralidade oposta.

Na nossa opinião, a velocidade de rotação dos tornados da esquerda vai diminuindo ao longo do tempo até acabarem por provocar a morte. São tornados induzidos por "CC". Este "tempo" significa um número de rotações, ciclos de tornados.

Após a morte, pensamos que todos os tornados se tornam repulsivos, na quiralidade correcta. É o mesmo que uma pequena explosão no tempo. O ADN e o ARN são os tornados indutivos e primordiais.

Prevemos que os ciclos dos tornados estão interligados e que toda a vida depende deles.

Não estamos sozinhos com os nossos pensamentos.

Em 2011, Erik D. Andrulis, do Departamento de Biologia Molecular e Microbiologia da Faculdade de Medicina da Universidade Case Western Reserve, em Cleveland, publicou uma estranha teoria. Chamava-se Teoria da Origem, Evolução e Natureza da Vida. Na teoria que propôs, utilizou de forma independente um mecanismo, um simples vórtice - uma espiral, redemoinho, espiral ou padrão circular semelhante - como modelo central para compreender a vida. Publicou também algumas regras para as interacções num giro. Infelizmente, esta teoria heterodoxa foi abandonada após a sua publicação.

11. Correntes e quiralidade no mundo invisível

Em física, as interacções básicas são designadas por forças fundamentais. Na nossa ciência, existem quatro: a força gravitacional, a força electromagnética, a força nuclear forte e a força nuclear fraca, que são descritas matematicamente como campos. Supomos que existem muitos mais, mas são completamente desconhecidos. A natureza dos tornados envolvidos nas interacções faz toda a diferença. Os campos magnéticos, os campos gravitacionais (e assim por diante) são, de facto, fluxos de campos em espiral.

Após muitas observações, prevemos que cada cluster, como modelo padrão, é formado e rodeado por muitos fluxos. Isto significa que todos os circuitos de fluxo IN-OUT correm dentro ou fora do cluster.

Muitos aglomerados realizaram uma estrutura interna, algo como um filtro sensorial de transporte em espiral. Formam pólos, feixes de circuitos OUT e circuitos IN.

O número mínimo de pólos é dois: IN e OUT.

Estes pólos podem mover-se a diferentes velocidades na superfície do aglomerado (movimentos de deriva) e separar-se. Este facto é consistente com interacções externas e com a natureza do aglomerado. Por exemplo, de acordo com o Observatório Solar Wilcox da Universidade de Stanford, o campo magnético do Sol muda de polaridade aproximadamente a cada 11 anos [26].

De acordo com os registos geológicos, o campo magnético da Terra mudou de pólo várias vezes nos últimos mil milhões de anos [27].

Este movimento de deriva para reunir os filamentos em apenas dois feixes é designado por polarização do fluxo. Se houver muito mais do que dois pólos, chamamos fluxos não polarizados. Prevemos que as correntes de magnetões na classe dos férmions são correntes polarizadas.

Prevemos que as correntes dos gravitões na classe dos férmions são correntes não polarizadas. Ambas têm repulsões axiais que utilizam o "código". (Fig. 21).

Isto significa que a gravidade pode ser um transporte aninhado de partículas fundamentais, como os gravitões. Mesmo que as correntes sejam polarizadas ou não, na classe dos férmions todas as linhas de força são linhas paralelas repulsivas. Ambas as situações são consistentes com o "código fundamental".

Fig.21 Fluxos geométricos no modelo padrão, fluxos polarizados e não polarizados

Nos transportes, podemos ver os portos como fluxos em espiral

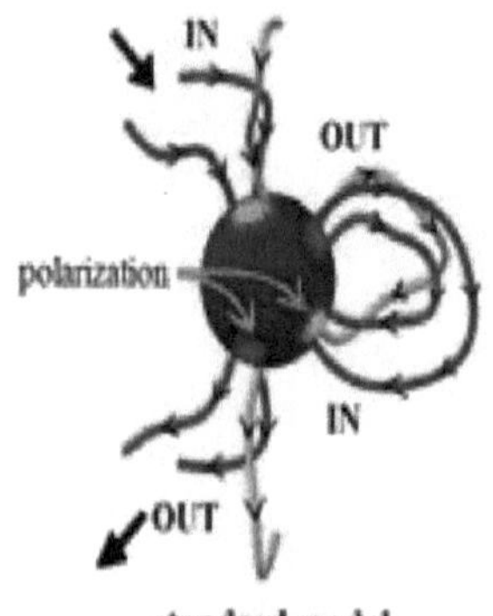

a) Geometric flows in standard model

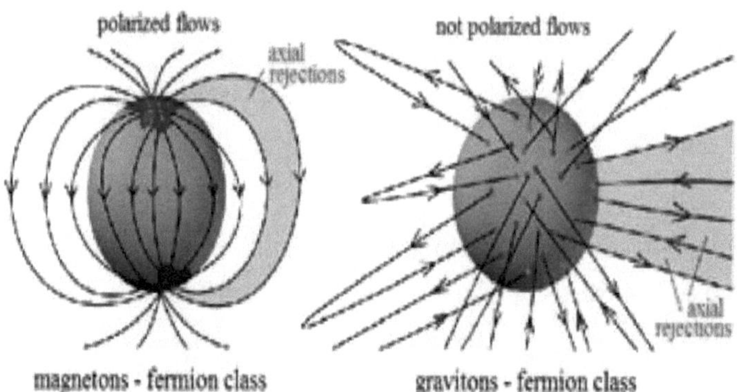

b)   Geometric flows in polarized and not polarized flows

descobrimos polarizações. Vemos linhas magnéticas e linhas gravitacionais como estruturas de transporte em espiral, tanto na classe dos férmions como na dos destros.
Em vez disso, prevemos que todas as partículas "quiralmente carregadas" fluem em órbitas paralelas e repulsivas (cordas). Prevemos que cada aglomerado com as mesmas dimensões de classe dos tornados circundantes pode interagir mais fortemente com outro. As correntes polarizadas podem gerar atração ou repulsão, por exemplo, dois ímanes permanentes. As correntes não polarizadas só podem gerar atração, como é o caso da gravidade.
A força de atração depende do número de tornados que aí se encontram acoplados. Depende da distância e do número de filamentos na secção (Fig. 22 a).

Fig.22 Forças de atração entre correntes polarizadas e não polarizadas, classe dos férmions

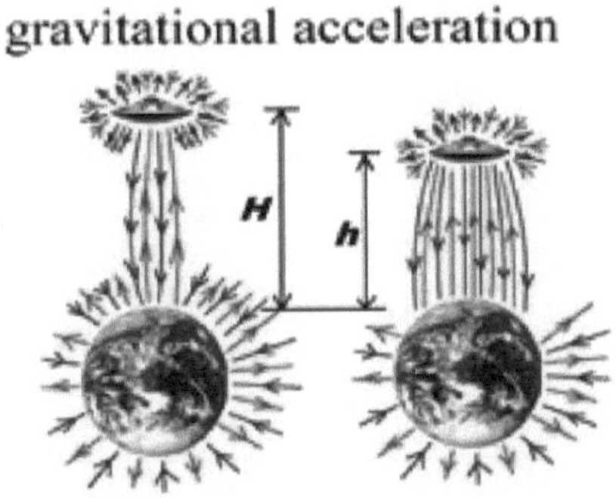

a) gravitational attractions between H and h

magnetic acceleration

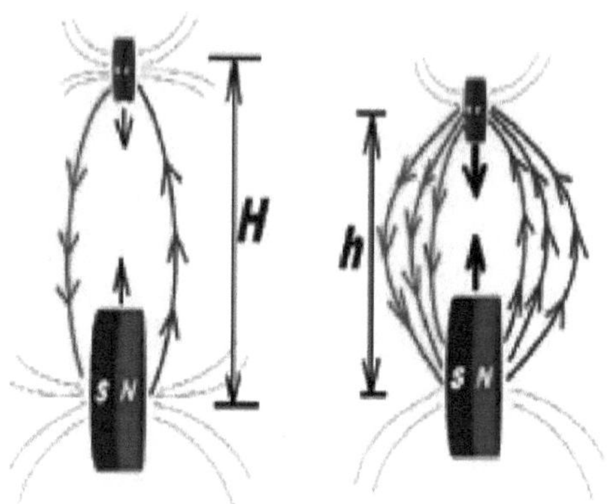

b) magnetic attractions between H and h

Na natureza, a polarização do fluxo magnético está presente em alguns aglomerados de fluxo helicoidal. A polarização gravitacional ainda não é detetável (Fig. 22 b).

Observação: As galáxias em espiral pertencem à classe dos bósons, aglomerados presos no transporte de partículas sob a ação da gravidade.

Prevemos que a fusão de dois tornados ou a fissão de um tornado são processos energéticos. Trata-se de um processo de auto-organização. O transporte geométrico, o nosso sistema, pode perder alguma bagagem (emissão) ou apanhar outra bagagem externa (absorção). Em ambos os casos, o processo de transporte é optimizado devido às interacções.

As forças axiais de atração, como um emaranhado de muitos braços, podem também explicar um mundo invisível.

12. Resultados

O transporte em espiral é a chave geométrica para compreender simultaneamente o mundo invisível e o mundo visível. A geometria para um transporte eficiente é uma solução natural para o mundo inteiro.
Como método científico, efectuámos muitas observações qualitativas. Tentamos compreender os principais padrões de transporte natural que são mais comuns em muitos ramos da ciência.
A geometria, a informação de facto, está em todo o lado, mesmo nas criações humanas. É por isso que a nossa investigação não se interessou apenas pelos limites científicos, entre as dimensões do microscópio e do telescópio. Este é apenas o domínio conhecido. A realidade está para além dos limites do microscópio e do telescópio, para além dos limites científicos actuais. (Fig.23)

Fig.23 A informação básica está em todo o lado, na área conhecida ou

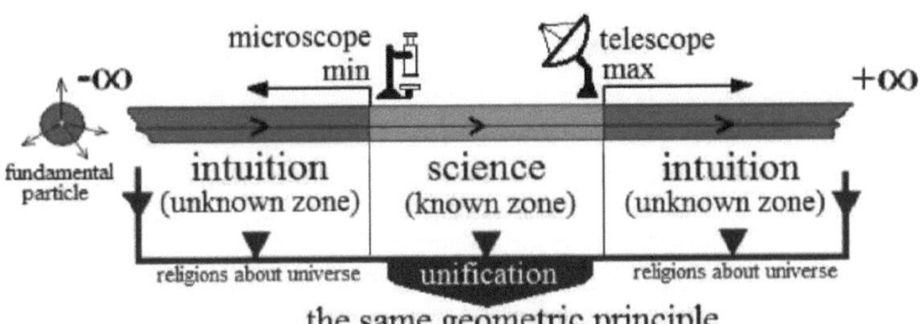

na área desconhecida (intuitiva)

A evolução geométrica de todo o universo, conhecida ou não, é de facto um transporte de matéria. Partimos do princípio de que deve haver um princípio geral e construtivo que deve estar relacionado com este transporte perpétuo. Todo o transporte significa padrões, significa a geometria mais eficiente no transporte. Assim, seguimos a chave da geometria helicoidal, procurámos saber se o transporte helicoidal é o transporte mais eficiente e, sobretudo, porquê. Por esta razão, elaborámos princípios fundamentais em comparação com o nosso transporte comercial, princípios fundamentais.

Através de um processo comparativo, descobrimos que ambos os mundos têm os mesmos padrões geométricos quando descrevem a criação do universo. As nossas mentes e corpos utilizam este princípio de design e foram criados de acordo com este princípio. Eles sabem como são construídos, utilizando o princípio da construção. Assim, descobrimos que a geometria mais comum no domínio científico e fora dele é a geometria em espiral. O nosso corpo e a nossa mente usam a mesma chave geométrica em espiral. As respostas para as profundezas construtivas do universo estavam escondidas nos nossos pensamentos.

Um facto curioso é que os símbolos religiosos são descrições geométricas do mundo natural. Têm origem na intuição humana. É uma situação curiosa o facto de quase todos os símbolos intuitivos, quer provenham de pessoas religiosas ou não, obedecerem ao código fundamental.

A lei de construção torna-se o ponto de partida para a análise dos fluxos em espiral. Em princípio, as vias de transporte helicoidais parecem ser as formas mais eficazes de correntes naturais. As interacções destes sistemas de transporte helicoidais, como os tornados, parecem obedecer a regras estritas que podem ser identificadas no ambiente natural a qualquer escala. Além disso, este conjunto rigoroso de regras de interação, designado por "O Código Fundamental", pode ser extrapolado para universos indetectáveis, para o mínimo ou para o máximo.

13. Conclusões

Temos uma nova perspetiva sobre a lei da conceção do universo. Trata-se de uma perspetiva global sobre a auto-otimização do transporte das partículas fundamentais.

Com a ajuda dos princípios da geometrodinâmica, é agora possível criar uma teoria unificada. Esta teoria deve ser uma teoria do fluxo de campos em espiral, com ou sem transporte local.

No que diz respeito ao fluxo do universo, podemos agora esclarecer, de uma perspetiva diferente, muitas questões que ainda não são compreendidas no mundo em que nos estamos a desenvolver.

O mais importante é mudar a nossa perspetiva, para compreender fenómenos geométricos semelhantes da natureza através de uma chave única, a eficiência no transporte (Fig. 24). Esta é assegurada pela utilização de geometrias de fluxo específicas através de uma auto-organização constante no fluxo em espiral.

Fig.24 Os movimentos locais de deriva e o Código Fundamental, mudando de perspetiva.

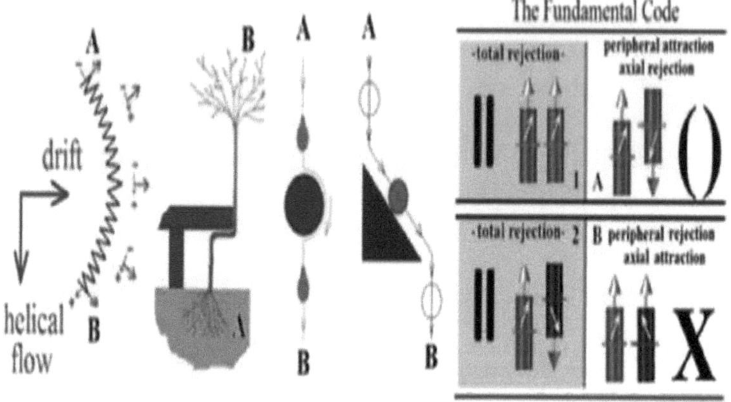

A geometrodinâmica helicoidal descreverá os princípios fundamentais dos campos de fluxo helicoidal como uma teoria de campo unificada. Utiliza regras para as interacções helicoidais.

Aqui estão apenas os princípios básicos que ligam a teoria do design à geometrodinâmica em espiral.
O ponto central da teoria da geometrodinâmica espiral é o código fundamental e os dois princípios indutivos (transporte espiral local).

Todas as teorias do mundo natural, novas ou antigas, devem conter esta "chave espiral". Por esta razão, a Teoria dos Campos Unificados - Geometrodinâmica Helicoidal, foi lançada num novo conceito de tempo-espaço.

14. Referências

[1] Bejan, A., Lorente, S., Design with Constructal Theory, *International Journal of. Engineering Education,* Vol. 22, No. 1, pp. 140±147, 2006

[2] Conway, J. H., Sloane, N. J. A, Sphere Packings, Lattices, and Groups, *2nd ed., New York: Springer, 8-9, 1993. Nova Iorque: Springer,* 8-9, 1993.

[3] Lord, E.A., Ranganathan, S., The c-brass structure and the Boerdijk-Coxeter helix, *Journal of Non-Crystalline Solids 334&335,*121-125, 2004.

[4] Wiechert, E., Über elastische Nachwirkung, *dissertação, Universidade de Königsberg, Alemanha,* 1889.

[5] Wiechert, E., Laws of elastic aftereffect for constant temperature, *Annals of Physics,* 286, 335-348, 546-570 , 1893.

[6] Tschoegl, Nicholas W., *The Phenomenological Theory of Linear Viscoelastic Behaviour,* 119-126 , 1989.

[7] Maxwell, J. C., On Physical Lines of Force, *Philosophical Magazine,* 1861.

[8] Wheeler, J. A., Geometrodynamics, *Academic Press,* Nova Iorque, 1962.

[9] Langmuir, I., Surface Motion of Water Induced by Wind, *Science 87,* 1938.

[10] Ekman, V. W., On the influence of the Earth's rotation on ocean currents, *Arch. Math. Astron. Phys.,* 2, 1-52, 1905.

[11] Shkarovsky, I.P., Johnston, T.W., Bachynsky, M. P., The Particle Kinetics of Plasma, Addison-Wesley, Londres, 1966.

[12] Edwards, M. R., *Pushing Gravity: New Perspectives on Le Sage's Theory of gravitation,* Universidade de Indiana. P. 65 ("illustrated ed."), 2002.

[13] Haruki, N. (Kavli IPMU). Experiências de Polarização: Primeiros Resultados do POLARBEAR (e BICEP2*),*

[14] Penrose, R., The Road to Reality - A Complete Guide to the Laws
of the Universe, *Jonathan Cape - Londres*, 2004.
[15] Penrose, R., Twistor Algebra, *J. Math. Phys.*, 1967.
[16] Kauffman, L. H., Knots and Physics, *World Scientific Publishing, Singapura,* 2001.
[17] Smolin, L., Espaço, Tempo, Universo: Três Caminhos para a Gravidade Quântica, *Humanitas,* 2008
[18] Susskind, L., The Cosmic Landscape: String Theory and the Illusion of Intelligent Design, *Humanitas*, 2012.
[19] Kaku, M., Parallel Worlds: A journey Through Creation, Higher Dimensions, and Future of the Cosmos, *Trei*, 2015.
[20] Hawking, S., The Universe in a Nutshell, *Humanitas,* 2006.
[21] Abraham, Y., Tamburu, C., Klein, E., Dunlop, J. W. C., Fratzl, P., Raviv, U., Elbaum, R., Tilted cellulose arrangement as a novel mechanism for hygroscopic coiling inthe stork's bill awn, *R. Soc. Interface* , 2012.
[22] Migliaccio, F., Tassone, P., Fortunati, *A.,* Circumnutation as an autonomous root movement in plants, *American Journal of Botany*, 2013.
[23] Wang, Y., Hao, Q., Fatehpuria, A., Lau, D. L., Hassebrook, L. G. (2009), Data Acquisition and Quality Analysis of 3-Dimensional Fingerprints, *Florida: IEEE conference on Biometrics, Identity and Security*, 2010.
[24] Yang et al, The structure of people's hair, *PeerJ 2:e619,* DOI10.7717 /peerj.619, 2014.
[25] Kucken, M., Newell, A. C., Fingerprint formation, *Journal of Theoretical Biology* 235, 71-83, 2005.
[26] Riley, P., Ben-Nun, M., Linker, J.A., Mikic, Z., Svalgaard, L., Harvey, J., Bertello, L., Hoeksema, T., Liu, Y., Ulrich, R., A Multi-Observatory Inter-Comparison of Line-of-

Sight Synoptic Solar Magnetograms, *Springer Science + Media Dordrecht*, 2013.

[27] Besse, J., Courtillot, V., Apparent and true polar wander and the geometry of the geomagnetic field over the last 200 Myr, *Journal of Geophysical Research*, VOL. 107, NO. B11, 2002.

Índice

Printed by Books on Demand GmbH, Norderstedt / Germany